DES HARAS

DANS LEURS RAPPORTS AVEC LA PRODUCTION

DES CHEVAUX

ET DES REMONTES MILITAIRES.

DES HARAS

DANS LEURS RAPPORTS AVEC LA PRODUCTION

DES CHEVAUX

ET DES REMONTES MILITAIRES.

Par M. de P.

Paris.

IMPRIMERIE LE NORMANT, RUE DE SEINE, 8.

1833.

CETTE partie est l'objet des controverses les plus bizarres ; on en a fait une question sur laquelle il est bien difficile que l'on puisse s'entendre tant qu'on ne l'aura pas examinée dans ses divers rapports avec les autres branches du service public sur lesquelles elle exerce une influence plus ou moins directe.

Elle touche aux intérêts de l'industrie agricole, d'abord par la production et l'élève des chevaux, et en second lieu par l'emploi des pâturages et des produits susceptibles de fournir aux consommations que font ces animaux.

La production intéresse le commerce ; elle en est elle-même une branche ; et le plus ou moins de cherté des transports qu'il est forcé d'employer détermine ou arrête ses spéculations.

L'agriculture, les postes et messageries, et quelques services quasi publics, qui usent un grand nombre de chevaux de toute espèce, sont intéressés à ce que la production soit portée au niveau de tous les besoins.

La sécurité d'une nation est la première condition de son existence ; là se trouve la principale tâche du gouvernement : chargé de préserver le pays contre l'agression ou l'invasion de l'étranger, il doit tenir sur pied un puissant état militaire, et par conséquent réunir sous sa main tous les élémens nécessaires à son entretien.

Lorsqu'il a procuré à la cavalerie, à l'artillerie, etc., les chevaux nécessaires au complet de paix, ses prévisions doivent s'étendre au renouvellement périodique des remontes et aux réserves nécessaires pour soutenir au besoin une lutte prolongée, sans s'exposer, pour y subvenir, à tomber jamais dans la dépendance de l'étranger. Sous ce dernier point de vue surtout, la question des haras joints à la production prend une extrême gravité; elle n'est plus seulement une affaire de finances de la compétence des économistes modernes, elle engage la responsabilité de plusieurs ministres, chargés, en raison de leurs différentes attributions, de contribuer à la sûreté et à la prospérité de l'État. Ce devrait donc être à des hommes d'État à décider si les haras fécondant la production ne sont qu'un luxe d'administration, ou bien si l'on doit classer cette branche du service public parmi les nécessités absolues dont il faut subir les exigences.

Afin d'éclairer la discussion, on publie ici un mémoire sur cette matière.

On se réserve de reproduire immédiatement et d'examiner les allégations hostiles de MM. les économistes relativement aux haras, etc., et pour conclusion, d'indiquer les moyens réparateurs qui sont le plus en rapport avec les besoins du pays et les finances de l'État.

DES REMONTES

DE

LA CAVALERIE*.

Les bonnes races de chevaux de selle ont été presque détruites en France à la suite de la révolution; les grandes propriétés ont été aliénées ou morcelées, les vastes pâturages, les terrains étendus qui conviennent aux haras ont été enlevés à la production.

Les levées en masse qui se firent alors n'épargnèrent ni les étalons ni les jumens qui n'avaient de prix que pour la race et la production; tout, jusqu'aux jeunes poulains, fut livré sans discernement aux fatigues de la guerre, et finalement envoyé à la boucherie du canon.

Sur ces entrefaites, des hommes qui, par une longue expérience, avaient acquis la pratique des croisemens utiles, disparurent; en sorte que, personnel et matériel, tout manqua à la fois.

Cette destruction devait amener promptement la

* Ce Mémoire a été présenté manuscrit à S. A. le Prince Royal, et renvoyé par lui au Ministre de la guerre, en mars 1831.

pénurie de chevaux; quand elle se fit sentir, on voulut rétablir à la hâte ce qui n'avait pu se créer qu'avec beaucoup de temps, de recherches et de soins; mais la nature, rebelle aux volontés *subites*, ne change pas ses lois; qui ne sait pas s'y conformer avec persévérance, ne doit rien attendre d'elle.

Faute d'hommes versés dans cette partie, on reçut les avis de ceux qui, encouragés par quelques faibles notions, vinrent se présenter, et les conseils des haras, tenus en l'absence de la science qui aurait dû y présider, n'eurent que le mérite de revenir aux dépôts d'étalons; des animaux chers et mal choisis furent donc répartis d'une main avare sur la surface de la France, et abandonnés aux exigences fantastiques des propriétaires de jumens qui n'entendaient pas mieux cette partie que les directeurs nouveaux.

Les réquisitions fréquentes dont furent frappés indistinctement les possesseurs de chevaux, dégoûtèrent de plus en plus ceux qui auraient pu faire des élèves, et complétèrent bien vite le manque absolu d'animaux de cette espèce. Dès lors ce fut l'or à la main qu'on demanda à l'étranger ce qui ne se trouvait plus en France.

Sous l'Empire, on voulut essayer de former quelques véritables haras; des poulinières, la majeure partie pleines, arrivèrent d'Espagne : cette épreuve fut malheureuse. En 1806, on accorda deux millions au ministre de l'intérieur pour les haras; cette somme se réduisit finalement à six cent mille francs qu'il employa à acheter des étalons en Europe et en Asie. C'est ainsi que, pendant les années 1807 et subséquentes, 1200 étalons neufs (moins du quart de ce qu'il fallait) furent répartis en France. Depuis cette opération on n'a imaginé aucun moyen de faire augmenter la production des chevaux de selle, si ce n'est les prix qui se distribuent annuellement aux meilleurs coursiers.

Il fallut enfin que la puissance des baïonnettes suppléât à celle de l'or, qui était devenue insuffisante, pour regarnir les rangs de notre cavalerie avec des chevaux étrangers.

Après la Restauration, on a encore tiré des remontes du dehors : ceux qui prennent en main la défense de l'industrie agricole, veulent qu'on renonce à un moyen qui a le triple inconvénient d'être contraire à l'intérêt de nos éleveurs, de faire sortir le numéraire de France, et enfin de divulguer des préparatifs que la politique a presque toujours intérêt à tenir secrets; mais nous ne craignons pas de prédire que s'il n'est pas pris d'autres moyens que ceux qui existent pour la production des chevaux de selle, en cas de guerre avec les puissances du Nord, *cette résolution changera devant la nécessité.*

Qu'on nous permette de faire remarquer ici que nombre de personnes pensaient qu'il y avait des haras en France, à une époque où il était impossible de rencontrer un seul établissement qui contînt seulement une douzaine de poulinières; que l'on voyait, ordonnant en maître, à la tête de cette partie, un chef de bureau ou de division qui avait passé sa vie à transcrire ou à faire des rapports sur toute autre matière; que plus tard cette branche de l'administration, érigée en direction, fut confiée à des avocats dont les études n'avaient certainement pas été tournées de ce côté. Dans le même temps, le plus fort consommateur de chevaux, le ministre de la guerre, dont les besoins en ce genre ne sont que ceux de l'Etat, ne pouvait s'immiscer dans les mesures qui devaient tendre au rétablissement des bonnes races, et les divers ministres de l'intérieur, bien qu'étrangers à cette partie, ont toujours pu la détenir sans partage dans leurs vastes attributions, où elle ne devrait peut-être figurer que sous le rapport d'encouragemens à donner à l'industrie agricole.

De la nécessité de donner à la cavalerie des chevaux propres à cette arme.

L'abandon de la production des chevaux propres aux remontes de l'armée en est venu au point qu'il est généralement reconnu que la cavalerie française est la plus mal montée de l'Europe.

Le gouvernement éprouve des difficultés continuelles pour ne lui fournir qu'incomplètement des chevaux d'espèces peu propres à ce genre de service;

en cas de guerre, ce vice, contraire à l'entretien de notre état militaire, peut avoir les conséquences les plus graves; tant qu'on le laissera subsister, il mettra en doute cette disponibilité qui doit être de tous les instans, et frappera en outre la cavalerie d'un désavantage immense en lui ôtant la chance de succès que le cavalier trouve dans les moyens d'un bon cheval. Car il est prouvé que l'homme le plus courageux perd beaucoup de son énergie s'il est mal monté, tandis qu'un cheval agile et vigoureux inspire de la confiance et fait presque toujours d'un homme timide un soldat entreprenant, souvent même un intrépide.

C'est le cas de rappeler que l'effet de la cavalerie (légère particulièrement) est presque tout entier dans la vitesse, dans les surprises, et les coups de main que facilitent les fortes marches et les bonnes manœuvres; d'où il résulte que c'est surtout la qualité des chevaux qui importe à cette arme : les charges à fond sont rares, les généraux évitent autant que possible de hasarder en ligne des corps aussi précieux, ils les réservent, soit pour s'éclairer, soit pour des occasions décisives où l'impétuosité suffit au succès.

Le système de guerre actuel, particulièrement dans les plaines du Nord, exige une bonne et en même temps une nombreuse cavalerie. Lorsque les autres puissances font entrer cette arme pour plus d'un sixième dans la composition de leurs armées, force est bien, pour le moins, de les suivre dans cette proportion; elles ont d'ailleurs sous la main des réserves ou des ressources certaines; elles sont dues à la prévoyance de ces divers gouvernemens et à l'industrie des habitans de ces contrées; là on a su créer, entretenir avec persévérance ou rétablir ce que de longues guerres et les armées envahissantes avaient été détruire ainsi qu'elles l'avaient fait en France; on y voit , surtout à la cavalerie légère, des chevaux d'une conformation et d'une vigueur qui prouvent assez qu'ils ne proviennent pas de la classe des chevaux de trait dégénérés et mal venus, non plus que d'espèces bâtardes manquant de force, d'agilité et de fonds.

Tel est l'exposé sommaire des causes qui ont amené l'état des choses actuel quant à la cavalerie et à ses remontes : pour y remédier, un des derniers ministres de la guerre a imaginé de créer des dépôts de remontes qu'il fait stationner dans les localités voisines des cantons qui passent pour élever des chevaux de monture; le personnel * dont ils se composent est pris dans les rangs de la cavalerie active. Cette mesure paraît être l'unique précaution prise par l'autorité en faveur des remontes, car pour tout ce qui concerne la production, le gouvernement ne veut que prêter ses étalons dont le nombre ne va pas

* Depuis que ce Mémoire est fait, M. le Ministre de la guerre a organisé une troupe que l'on emploie spécialement au service des dépôts de remonte.

au-delà du quart de la quantité nécessaire; on pourrait le croire disposé à se ranger à l'idée des économistes modernes, c'est-à-dire à s'en rapporter entièrement à l'industrie agricole du soin de fournir de chevaux l'agriculture, le roulage, les postes et messageries, le luxe, enfin l'armée.

Ce système commode qui ne veut ni réparer, ni créer, mais seulement *laisser faire*, et (à supposer que l'on fasse) attendre le résultat de plusieurs milliers de volontés divergentes et indépendantes, peut convenir, peut-être, aux quatre premiers services qu'on vient de citer, mais il est impossible qu'il puisse subvenir aux besoins de l'armée et lui procurer des chevaux ayant les qualités qu'exige le service de la cavalerie. Si l'on prouve qu'un particulier ne peut employer ses pâturages à élever des chevaux pour la cavalerie sans y perdre considérablement, tandis que les propriétaires, qui consacrent les leurs à la forte race de chevaux de trait, à ceux qui conviennent pour le luxe, aux mulets ou bien aux bêtes à cornes, s'enrichissent, c'est mettre fin à une illusion qui offre et mécomptes et dangers; les chiffres viendront à l'appui de cette assertion dans les pages suivantes.

Causes du manque de haras uniquement destinés à élever des chevaux pour la cavalerie.

La poulinière destinée à produire des chevaux de selle ne doit pas être confondue, sous le rapport de la complexion, avec la robuste bête de trait; on dispense communément la première de travail au sixième mois de gestation, et comme elle doit allaiter un poulain pendant six autres mois, on est forcé d'imputer une année de sa nourriture sur la valeur de son poulain.

Vient ensuite la nourriture de ce même poulain depuis l'âge de six mois jusqu'à quatre ans et demi; c'est encore le prix de ces quatre années qu'il faut joindre à une année de nourriture de la jument poulinière.

En évaluant l'une dans l'autre la journée d'hiver et celle d'été, en tenant compte de la différence de consommation que doit faire l'animal dans l'espace de près de cinq années et à mesure qu'il prend de la force et de la taille, on trouve que cette dépense, année commune, revient à environ 32 centimes par jour : ce qui est à peu près le prix d'une botte de foin passable.

Partant de cette donnée, les frais seuls de nourriture de la poulinière et du poulain portent la valeur de celui-ci, à l'âge de quatre ans et demi, pour déboursés faits par le propriétaire, à la somme de. . . . . 584 fr.

Cette somme représente une année de nourriture de la poulinière, et quatre années pour le poulain que l'on suppose avoir vécu du lait de sa mère pendant les six premiers mois de sa vie.

Ci-contre.	584 fr.
Il faut ajouter la moins value de la poulinière à chaque poulain qu'elle fait; c'est la mettre au plus bas que de ne la porter qu'à 30 fr.; il faut donc ajouter encore à ce que coûte le poulain, cette moins value de. . .	30
Cette somme augmentera encore pour les motifs détaillés ci-dessous, d'au moins 50 fr. ci	50
Total.	664 fr.

Le détail de ces dépenses accessoires comprend :

1° Les frais éventuels du vétérinaire, pour soins et médicamens à la poulinière pendant un an, et au poulain pendant quatre ans et demi;

2° Le salaire des gens d'écurie et des gardiens de pâturages pendant quatre ans et demi;

3° Les dépenses de licols, longes, entraves pendant quatre ans et demi;

4° Les frais pour la monte, ceux de castration et ferrure;

5° Les chances d'avortement, les pertes par mortalité qui doivent recevoir une évaluation et être réparties sur les produits bons à être vendus.

On n'a porté que 50 francs pour ces cinq sortes de dépenses, ne voulant pas qu'il soit possible de placer de bonne foi un reproche d'exagération contre nos calculs; malgré cette faible évaluation, il reste démontré qu'un jeune poulain de quatre ans et demi revient à l'éleveur à la somme de 660 francs, en ne comptant que ses déboursés et en n'évaluant ses herbages et fourrages qu'au taux le plus commun, sans lui accorder la moindre somme, soit à titre de bénéfice, soit pour le prix de ses soins.

Si ce jeune cheval n'a éprouvé aucun accident, s'il est exempt de vices et de tares, s'il a de la taille, dès qu'il sera mis en vente, le commerce et le luxe s'en empareront, parce qu'ils peuvent y mettre le prix; mais il n'entrera pas dans les remontes destinées à la cavalerie, dont les taxations sont très-bornées. Si, au contraire, il est faible, taré, ou d'une conformation défectueuse, les premiers concurrens s'éloignent, et c'est avec empressement que l'éleveur ou le marchand chercheront à le livrer pour les remontes. Mais alors on voit deux résultats fâcheux produits par cette vente : le premier, pour l'éleveur, qui perd environ 200 fr. sur chaque cheval qu'il vend pour la cavalerie; le second, pour l'armée, qui n'acquiert qu'un mauvais cheval incapable de supporter les fatigues de la guerre.

Entreprendre de contester l'évaluation que nous donnons à la nourriture de la poulinière et de son poulain en alléguant que des terrains vagues, des broussailles, des marais ou des pâturages mal emménagés, resteraient sans nulle valeur si on n'y élevait pas des poulains, c'est être dans une erreur complète, parce qu'il n'y a aucun herbage, dans quelque terrain qu'il croisse, qui, s'il convient à la nourriture du cheval, ne soit bon également pour celle des mulets, des bêtes à laine ou à cornes, qui donneront des produits plus lucratifs et d'une défaite infiniment plus facile, ce qui est le but de toutes les industries.

Si la spéculation sur l'élève des mulets, et plus encore des bêtes à cornes, envahit de jour en jour de nouveaux pâturages, la raison s'en trouve dans la certitude des bénéfices que l'industrie agricole y rencontre, tandis qu'elle éprouve le contraire avec les chevaux de bas prix. D'ailleurs le mulet, plus robuste et plus facile à nourrir, demande moins de soins que le cheval : à dix-huit mois on le vend souvent aussi cher qu'un cheval de remonte qu'on a nourri et soigné pendant cinq ans.

D'un autre côté, la consommation de la viande s'étant considérablement étendue depuis trente ans, les bêtes à cornes restent à un prix élevé; les prohibitions ou les forts droits à l'entrée sur les bestiaux étrangers maintiennent la cherté de ceux que produit la France; ajoutons encore en faveur de cette branche d'industrie, que si une génisse ou un bœuf se blessent ou se cassent un membre, la boucherie voisine est là pour indemniser complètement l'éleveur de bêtes à cornes, tandis qu'en pareil cas tout est perte pour celui qui se livre à l'élève des chevaux.

On voit donc que dans l'état actuel des choses, il ne faut pas s'attendre que l'industrie agricole puisse fournir de bons chevaux de remonte à notre cavalerie : l'intérêt particulier est la *barrière insurmontable* qui s'y oppose. Il reste prouvé que, lorsqu'on remonte la cavalerie française avec des chevaux du pays, on ne peut lui livrer que ceux qu'ont dédaignés le luxe, le commerce et toutes les industries, et que ce rebut ne se compose que de jeunes chevaux, la plupart provenant de bêtes de trait; ces avortons, qui, par leur nature, sont condamnés aux allures *lentes*, manquent de feu, de légèreté et de fond; le service de la cavalerie est au-dessus de leurs moyens. Lorsqu'on présente ces animaux pour les faire recevoir, bien reposés alors, embellis par les dehors avantageux que leur prête l'embonpoint et la jeunesse, ils réunissent au premier coup d'œil de quoi séduire un acheteur peu exercé; il croit voir un cheval de cavalerie, il n'en achète que l'apparence. Les seules manœuvres de l'état de paix font ranger dans une réforme anticipée ce triste animal, qui retourne aux travaux des champs d'où il n'aurait jamais dû être tiré; mais il n'y revient qu'après avoir fait éprouver une perte considérable à la masse de remontes, et avoir plus ou moins compromis un escadron, dans lequel il n'a compté que pour la consommation de la ration quotidienne, qui ne pouvait être plus mal employée.

Des dépôts chargés des remontes.

On a placé des dépôts de cavalerie à portée des pays qui passent pour élever des chevaux, sans doute dans le dessein de s'en procurer un plus grand nombre, de les avoir meilleurs, ou tout au moins de les payer moins cher, en épargnant par-là les prélèvemens que ne manquent jamais de faire les marchands et autres entremetteurs qui se livrent à ce commerce; cela suppose aussi qu'on se flatte de pouvoir trouver en France assez de bons chevaux propres au service de la cavalerie; qu'il ne faut que se rendre sur les lieux, s'y établir en permanence la bourse ouverte pour attirer l'éleveur et rassembler de nombreuses et bonnes remontes. Nous avons déjà prouvé jusqu'à l'évidence que cette opinion est une grave erreur, que la première guerre à soutenir contre les puissances du nord ne manquera pas de faire reconnaître.

La présence d'un dépôt dans un pays ne fait pas qu'il se trouve des chevaux propres aux remontes là où on n'en élève pas pour la cavalerie : ces dépôts atteindraient néanmoins en peu de temps un certain degré d'utilité si on leur accordait des facultés propres à encourager une plus grande production : avec les seules attributions qui constituent leur mission actuelle, toute l'éloquence du plus habile parleur, tout le savoir-faire du plus fin maquignon viendraient échouer devant l'arithmétique d'un Limousin, d'un Normand et d'un Bas-Breton; ils savent tous qu'en élevant un cheval passable jusqu'à l'âge de cinq ans, le commerce le leur paiera près de 1000 francs, tandis qu'un animal qui ne serait propre qu'aux remontes de la cavalerie ne leur vaudra pas même la moitié de cette somme.....

Il s'est dit que des chefs de dépôt, voulant sortir de cet état de nullité, auraient fait des achats de chevaux âgés seulement de *trois ans;* qu'ils se seraient décidés à cette grande concession sur l'âge, parce qu'ils ne trouvaient que ce seul moyen pour envoyer aux régimens de *jolis* chevaux sans dépasser les fixations du ministère de la guerre. Il s'est dit aussi que les corps, pour ne pas voir les rangs dégarnis, les auraient reçus, et dans le signalement leur auraient donné l'âge qu'exigent les réglemens, bien résolus d'ailleurs à n'astreindre ces poulains à aucun service avant qu'ils aient pris cinq ans.

Dans la supposition d'un pareil fait, voici la conséquence de ces opérations : après avoir payé 390 francs un poulain distingué pour les hussards, et âgé de trois ans, vous le nourrissez pendant deux ans à 1 fr. par jour, il en résulte qu'en laissant de côté toute dépense accidentelle pour cause de maladies, etc., au moment de le mettre en service, c'est-à-dire à cinq ans, ce cheval revient au gouvernement à la somme de 1120 fr., qui est environ trois fois le prix accordé pour cette arme.... Notez en outre que les chances de maladies auxquelles les chevaux de cet âge sont sujets, se font sentir d'une manière beaucoup plus ruineuse dans les écuries des casernes que dans les pâturages où devraient achever de s'élever ces jeunes chevaux, qu'il convient de laisser en liberté pour qu'ils puissent se développer et prendre de la force. Cette ressource, inadmissible par son excessive cherté, après avoir renversé tous les calculs du ministre, cause une déception dangereuse pour le gouvernement, en l'exposant à compter comme chevaux effectifs et propres au service actuel des animaux qui, bien qu'ils soient à sa disposition, ne peuvent encore donner que des espérances éloignées. De telles opérations, si elles avaient lieu avec quelque extension, écraseraient la masse des remontes, et exposeraient le ministre à des observations sévères lors de l'examen des comptes relatifs à son budget.

Comme il ne suffit pas de montrer ou le mal ou ses causes, nous allons indiquer, parmi les moyens réparateurs, celui qui nous semble le plus facile et le moins dispendieux; il consiste à former plusieurs *établissemens susceptibles de recevoir ensemble huit à dix mille poulains, avec pâturages et locaux convenables, et à autoriser tous les chefs de dépôts à en acheter dans les limites qui leur seront fixées par une instruction détaillée, sans qu'ils cessent pour cela de faire des acquisitions de chevaux prêts à entrer en service*, s'ils en trouvent.

Il faudrait ne chercher à placer ces nouveaux établissemens que dans les départemens éloignés et dans des arrondissemens assez écartés des canaux, rivières navigables ou grandes routes, pour éviter la cherté que produit partout la concurrence du commerce sur les fourrages de toute nature.

L'Auvergne, le Limousin, le Béarn, la Bretagne, la Lorraine, la Franche-Comté, sont les anciennes provinces où l'on réussira probablement à trouver réunis les pâturages et bâtimens convenables.

On sait que le domaine de l'Etat a aliéné une grande quantité de propriétés ; il serait possible néanmoins qu'il possédât encore des terrains qui dispenseraient le gouvernement d'acheter ou de louer à long terme des possessions particulières pour ses réserves de poulains.

Avantages que présentent les dépôts de poulains.

Au moyen de cette extension, les dépôts acquièrent de l'importance et deviennent d'une grande utilité, parce qu'alors le gouvernement peut, sans inconvénient, faire acheter de fort jeunes poulains, qui y vivront à peu de frais jusqu'à l'âge de quatre ans et demi, et seront rendus meilleurs par suite d'un régime fortifiant et des soins.

Au nombre des avantages que produira cette mesure, on trouvera d'abord celui de connaître avec certitude l'origine des poulains, qui ne seront achetés que de l'éleveur voisin, et de ne plus admettre des chevaux qui, en parvenant à l'âge de six ans, ne peuvent servir que pour le trait : on ne sera plus exposé, comme actuellement, à recevoir et à payer comme neufs des animaux qui auraient été livrés trop jeunes aux travaux de la campagne, qui les ont déjà usés. (Ces services, exigés avant le temps, empêchent le développement de plusieurs qualités indispensables au cheval de selle : chez le cultivateur, tout le travail des chevaux se fait dans les traits, qui met les jeunes chevaux dans la nécessité de s'appuyer sur le devant, tandis que le service de la cavalerie, qui demande de la souplesse, exige précisément le contraire.)

En recevant parmi ces poulains des pouliches de vingt mois à deux ans, bien conformées et de belle venue, on ne courra plus les risques auxquels on est exposé aujourd'hui, car toutes celles qui paraissent dans les remontes ont déjà porté. Les éleveurs ne se décident à s'en défaire que parce qu'ils craignent de les perdre prochainement, ou bien ils les vendent parce qu'elles ne peuvent retenir, souvent pour être sujettes à avorter ou à manquer de lait; quelquefois ils leur auront reconnu un principe peu apparent, mais certain, de maladie dangereuse. Beaucoup de ces jumens traînent quelque temps aux régimens qui les ont reçues, et périssent bientôt de la maladie dont elles ont apporté le germe, ou de la morve. Les plus âgées, parmi celles qu'on livre pour la cavalerie, sont ordinairement les plus belles; elles ont en général une meilleure santé; mais comme elles ont été peu montées, elles ne peuvent plus s'assouplir assez pour les manœuvres, elles sont peureuses, tiennent aux chevaux, et souvent deviennent rétives : l'usage du vert en liberté fait qu'à quatorze ou quinze ans elles ne se nourrissent plus, elles deviennent étiques et tombent dans la réforme. Ces jumens âgées, qui servent *à parer les remontes*, font au plus trois ou quatre ans de service; et en définitive, cette sorte d'acquisition, prise en masse, occasionne une perte considérable au gouvernement.

Les dépôts de poulains, en mettant le gouvernement à l'abri de ces fréquentes tromperies, offriront le moyen de se procurer des chevaux beaucoup plus forts, si on veut introduire dans ces établissemens un autre régime que celui que suivent tous nos éleveurs qui laissent les poulains exposés au froid et à toutes les intempéries des saisons, et ne leur donnent presque jamais de grain, tandis que ces jeunes animaux devraient en faire consommation dans le courant de leur première année *.

Ces achats de jeunes poulains, considérés sous le rapport de l'intérêt de l'industrie agricole, sont faits pour l'encourager; ils épargneront à l'éleveur trois et au moins deux années de nourriture et de soins, ils lui éviteront les accidens et pertes qui ont lieu pendant ce laps de temps, les frais de courtage et les dépenses considérables qu'entraîne le déplacement des chevaux pour les conduire aux grandes foires. Réalisant ainsi plus sûrement et plus fréquem-

* Il y a des éleveurs qui perdent la moitié des poulains faute de soin; c'est une des principales causes de la pénurie actuelle des chevaux de guerre.

ment de meilleurs revenus, s'il voit en même temps s'alléger, de plus de moitié, sa mise de fonds, il doit nécessairement être plus enclin à augmenter une spéculation dont les produits deviennent assurés et exigent de moindres capitaux.

Les maladies des jeunes poulains qu'on placera dans ces établissemens ne seront ni longues ni dangereuses, parce qu'ils auront la liberté, l'air, et au besoin, les pâturages dont ils ont besoin à cet âge, et ne seront pas renfermés et attachés dans les écuries d'une caserne. La dépense de l'artiste vétérinaire, qui effraie à bon droit un agriculteur dont la propriété est communément éloignée des villes, devient imperceptible dans un établissement en grand, qui a le sien par abonnement ou à gages annuels.

Avant de fixer l'âge auquel les jeunes poulains doivent être admis, on doit considérer que, si c'est un avantage de ne recevoir que ceux qui, ayant été soumis à l'opération de la castration, sont en bon état et vigoureux, ce qui suppose qu'ils ont trente mois au moins, il ne faut pas perdre de vue que plus ils sont avancés, plus doivent être élevées les prétentions du vendeur, et que d'aïlleurs le mauvais régime que suivent les éleveurs à l'égard des poulains, pendant les deux ou trois premières années, altère communément la santé de ces animaux qui avaient apporté en naissant une bonne complexion; que souvent, en les prenant trop tard, cet avantage se trouve perdu sans retour; que d'un autre côté, si on prend les pouliches à un âge trop avancé, on s'expose à les avoir pleines ou ayant déjà porté. Il est reconnu qu'une des principales causes de la dégénérescence de nos chevaux vient de l'avidité irréfléchie des propriétaires de haras qui font couvrir de jeunes bêtes qui ne sont qu'au milieu de leur croissance et n'ont pas jeté la gourme; ayant besoin pour elles-mêmes de toute la nourriture qu'elles peuvent prendre, il faut encore qu'elles fournissent à l'alimentation du poulain qu'elles portent avant le vœu de la nature, et pour quelques uns, cet état de gestation anticipée n'est pas un motif suffisant pour les dispenser des travaux pénibles auxquels l'avarice les assujétit sans pitié.

Nous signalons cette classe d'éleveurs à la méfiance des chefs de dépôts; nous pensons qu'ils doivent mettre du soin à éviter de charger le gouvernement de produits qui ne peuvent être que très-défectueux, quelque séduisante apparence qu'ils puissent présenter.

Les comptes qu'auront à rendre les chefs de dépôts relativement aux achats partiels doivent avoir pour base un registre qui présente le détail de chaque opération; on doit y voir le signalement et le prix de chaque animal, l'époque, le nom et la résidence du vendeur, etc., en sorte qu'il puisse être exercé en tout temps un contrôle prompt et facile sur toutes ces acquisitions.

Du prix commun de l'entretien journalier des poulains.

Si l'on prend pour base de cette évaluation ce qui reste à un particulier pour le payer des frais de nourriture du jeune cheval qu'il vient de vendre 390 fr. pour les hussards, il faut d'abord défalquer de cette dernière somme celles de 30 fr. pour la moins value de la jument à chaque production, et celle de 50 fr. pour autres dépenses forcées dont le détail a été déjà donné.

Ce sont 80 fr. à ôter du prix de la vente qui se trouve réduit à 310 fr. applicables au remboursement des nourritures fournies pendant un an à la jument, et pendant quatre années au poulain; en tout cinq années qui étant divisées par journées mettent à 17 c. par jour la dépense dont nous cherchons le montant. Il est bien vrai que le vendeur ne reçoit en effet que 17 centimes pour le remboursement de la nourriture et de l'entretien journalier de la jument et du poulain pendant le laps de temps expliqué ci-dessus; mais il ne l'est pas également que ces 17 centimes représentent réellement la dépense qu'il a dû faire, quoique son poulain n'ait consommé du grain que dans la quatrième année.

Pour éviter une longue digression sur la quantité d'herbe ou de foin que doit consommer un poulain qui n'a pas d'autre nourriture à dater du sevrage jusqu'à quatre ans, sans tenir un compte trop élevé de la nourriture différente qu'exige la poulinière, nous reviendrons à une donnée que toutes nos recherches et tous nos calculs nous ont déterminé à admettre comme étant ce qu'il y a de plus rapproché de la vérité, en tenant compte cependant de la différence de consommation, à mesure que le poulain grandit, et en appliquant ce qu'il mange de moins dans les deux premières années, à la compensation des fourrages qu'il mange de plus dans les dernières : c'est une botte de foin de bonne qualité, du poids de dix à douze livres, qne nous évaluons communément à 30 centimes; nous ajouterons 2 c. pour les soins et dépenses accessoires, et c'est ainsi que l'entretien et la nourriture sont portés à 32 cent. par jour*.

Du prix approximatif auquel reviendront au gouvernement les poulains élevés dans ces dépôts à quatre ans et demi.

Ce prix ne peut se composer que de deux dépenses qui sont l'achat et la nourriture dans laquelle on fait entrer les soins et frais accessoires.

Le poulain reçu à deux ans et demi, qu'on livrera à quatre ans et demi à un régiment, aura été nourri et soigné pendant 730 jours dans un dépôt de ré-

* Pour obtenir de bons résultats, il faut très-peu de foin, et l'on doit employer les 32 centimes autrement, de manière à donner du grain, de la paille hachée, des carottes, etc.

serve, et à raison de 32 centimes par jour, il aura coûté pour cette seule dépense, la somme de . . . . 233 fr. 60 c.

Il reste sur la taxation du gouvernement une somme de 156   40
libre pour l'achat d'un poulain propre aux hussards. . . . . 390 fr.

Comme l'arme des dragons et chasseurs a une plus forte allocation, il restera pour acheter les poulains qu'on pourrait lui destiner une somme de 256 fr. 40 c.

Et pour ceux de la grosse cavalerie, qui est la plus facile à remonter, 346 fr.

Pour ne pas dépasser les prix fixés pour chaque arme, il faudrait ne payer les poulains de trente mois, bien venus, et propres aux hussards, que 156 fr. 40 c. Nous pensons qu'il serait impossible de faire aucun achat passable avec une aussi modique somme, mais qu'en y ajoutant celle de 43 fr. 60 c., on obtiendrait facilement des poulains choisis, et faits pour rendre d'excellens services dans cette arme, à l'âge de cinq ans.

Il est difficile de se rendre compte du motif qui a pu faire mettre une aussi grande différence que celle qui existe aujourd'hui entre l'allocation accordée aux chasseurs et celle à laquelle on a réduit les hussards; car il y a identité parfaite entre le poids des armes et de l'équipement; les hommes sont à peu près de même stature, et rien n'indique que le service des hussards en campagne doive être moins pénible que celui des chasseurs.

Nous croyons que les autres armes de la cavalerie sont convenablement dotées, et que les hussards seuls ont besoin d'une augmentation de prix pour leurs remontes.

En résumé, un cheval de l'âge requis pour les remontes revient, comme on vient de le voir, à la somme de 664 fr. à l'éleveur, et l'on suppose ici que, suivant la mauvaise habitude du pays, il n'aura pas donné de grain au poulain pendant les trois premières années.

Si ce propriétaire livre pour les remontes trois chevaux, dont un pour la grosse cavalerie, un pour les dragons et un pour les hussards, il recevra en paiemens une somme de. . . . . 1390 fr.

Ces trois chevaux lui reviennent à. . 1992

Il y a pour l'éleveur perte de. . . . . 602 fr. ou de 200 francs par cheval qu'il vend pour l'armée. Il est difficile de courir plus vite à sa ruine. Aussi est-il bien positif que si l'industrie ou le luxe, qui accordent de meilleurs prix, eussent voulu (ces trois chevaux), il ne les aurait pas livrés aux remontes : comme ils sont trop défectueux pour convenir au luxe, bien qu'il perde démesurément sur ces animaux, il s'estime encore heureux de s'en être défait ainsi : mais vous, acheteur pour le gouvernement, qu'avez-vous acquis, trois chevaux de rebut, que vous destinez cependant à aller disputer de vitesse, d'agilité et de force contre les chevaux hongrois ou polonais, ou contre ces races vigoureuses sorties de l'Arabe, qui viennent par milliers aux foires de Zitomir, de Berdidchew, et passent ensuite en Allemagne!

Les éleveurs routiniers, tout étonnés de reconnaître que plus ils élèvent et vendent de chevaux communs, plus ils s'appauvrissent, jettent des regards inquiets autour d'eux; ils voient dans l'aisance ou dans l'opulence ceux de leurs voisins qui élèvent des bêtes à cornes, des chevaux de trait, des mulets ou des chevaux de fines races; ils les imitent, et celui qui s'est rendu un compte exact de tout ce qu'il en coûte pour élever un cheval de cinq ans, et qui ne veut plus agir que d'après une conviction opérée par les chiffres, leur montre comment on tire un parti avantageux des plus mauvais pâturages; et c'est ainsi que le propriétaire mieux éclairé, soigneux de l'intérêt de sa famille, nourrira plutôt des chèvres ou des ânes que des chevaux destinés aux remontes de la cavalerie.

On parle sans cesse des progrès des lumières dans toutes les parties; ceux qui ont le maniement des affaires publiques le savent et le répètent, et cependant ils agissent, à l'égard d'une classe d'hommes industrieux et sachant très-bien spéculer, comme si, pour ces industriels seuls, les vieilles habitudes et les routines ruineuses ne devaient pas changer; mais il en est tout autrement : et quel en est le résultat à l'égard des remontes? Nous le dirons.....

1° Depuis quinze ans on s'est réduit à très-peu d'exigence sur les qualités imposées à l'admission des chevaux de troupe;

2°. On a tenu l'effectif fort au-dessous du pied de paix dans tous les régimens;

3° On a ajourné indéfiniment la vente des mauvais chevaux marqués pour la réforme, et on leur a laissé consommer *en pure perte* la ration quotidienne;

4° On a admis des poulains incapables de rendre aucun service pendant plusieurs années, tout en les nourrissant à *un* fr. par jour;

5° On a encore tiré plus de six mille chevaux de l'étranger; enfin on a passé ces quinze années sans cesser une minute d'être aux expédiens pour n'obtenir que d'insuffisantes et détestables remontes de l'intérieur; et il faut bien le dire, la cavalerie n'est pas *disponible*, parce qu'elle manque de chevaux, et que ceux qu'elle possède sont *mauvais*. En cas de guerre, toute sa bravoure compensera difficilement l'immense désavantage auquel l'expose la défectuosité de ses chevaux, qui d'ailleurs, en pareille occurrence, ne pourront être portés à temps au complet du pied de guerre sans recourir à des remontes étrangères, lesquelles, pour avoir été tardivement ordonnées, peuvent être chères, difficiles, et même douteuses. Et que sera-ce si l'on veut en même temps montrer une sage prévoyance, en rassemblant des réserves susceptibles de réparer les pertes inséparables d'une lutte plus ou moins acharnée, plus ou moins prolongée?

La guerre ne se fait plus avec des mots ni avec des illusions.

Résumé de ce qui précède, et ses conséquences.

Avant de passer outre, il convient de jeter un coup d'œil en arrière, afin d'établir succinctement le point où la démonstration que nous avons entreprise est parvenue.

1° Les causes de la défectuosité des chevaux de la cavalerie française ont été sommairement indiquées.

2° L'inanité des moyens existans pour les remontes a été prouvée.

3° L'obstacle principal contre la production des chevaux pour la cavalerie, lequel est né de l'intérêt des éleveurs, est établi sur des calculs incontestables.

4° L'utilité des dépôts de poulains propres à remonter la cavalerie et à encourager la production a été établie.

5° La preuve que les chevaux de choix élevés de cette manière (l'arme des hussards exceptée) ne coûteraient pas plus cher au gouvernement que les chevaux de rebut qu'on lui livre aujourd'hui, a été fournie.

6° Enfin on a vu que l'éleveur ne reçoit pas 20 cent. pour le prix de la nourriture journalière d'un cheval vendu au gouvernement, et qu'il faut 32 cent. par jour pour chaque poulain que l'on élèvera dans les dépôts projetés.....

Rentrant en matière maintenant, nous devons faire remarquer que puisque le gouvernement accorde un franc et plus pour la nourriture de chaque cheval de cavalerie, trois poulains pourraient être entretenus avec la somme qu'absorbe un cheval de rang. Depuis dix ans il a constamment manqué plus de quatre mille chevaux à l'effectif de la cavalerie. Si les divers ministres de la guerre qui se sont succédé eussent employé cette exubérance d'allocation annuelle à entretenir des dépôts de poulains tels que nous les proposons; si le fonds annuel de remontes, au lieu de servir pour augmenter le nombre des chevaux de rebut, eût été employé à peupler ces dépôts, l'armée aurait reçu déjà quatre-vingt mille bons chevaux, dont les plus âgés n'auraient pas plus de douze ans, et par conséquent tous seraient en état de faire campagne; on aurait en outre sous la main les réserves des dernières années, et, en un mot, des remontes prêtes et bien choisies, que l'or jeté même à pleines mains ne fait pas trouver au moment d'une déclaration de guerre. Notez en outre que l'industrie agricole, encouragée par dix années de succès dans l'élève des chevaux de monture, aurait fait augmenter grandement la production, qu'elle se serait perfectionnée par une pratique plus suivie, et qu'aujourd'hui il y aurait abondance de chevaux, et des chevaux meilleurs. Mais l'incurie la plus désastreuse semble, depuis quarante ans, s'être acharnée à compromettre, sous ce rapport essentiel, la plus brave cavalerie de l'Europe. Ceux qui les premiers font entendre le cri de guerre sont aussi ceux qui contestent le plus vivement au gouvernement les moyens de pourvoir convenablement aux remontes de la cavalerie, et pour le présent et pour l'avenir; ils exigent un puissant état militaire, ils veulent que la France soit forte au milieu des premières puissances européennes : qui veut la fin doit vouloir et voter les moyens.

Le ministre de la guerre a dans sa dépendance des fabriques d'armes, des fonderies de canons et de projectiles, et des ateliers de toutes espèces, particulièrement pour les objets dont la fabrication doit être surveillée, dans le but d'en faire rejeter les matières de mauvaise qualité dont les défectuosités se cachent sous la main-d'œuvre, et ne se révèlent que par une destruction anticipée ou par des accidens funestes; pourquoi lui serait-il interdit d'avoir également des établissemens destinés à faire élever les chevaux nécessaires aux diverses armes dont se compose la cavalerie, afin de n'être plus trompé sur leur race et sur leurs qualités? Quelle est la branche de commerce ou d'industrie dans laquelle les tromperies soient plus communes et plus difficiles à éviter que dans celle dont il s'agit ici? Pourquoi cette partie, si essentielle au complément et à la force intrinsèque de notre état militaire, serait-elle abandonnée et plus négligée que la fabrication des lames de sabre ou la confection des bonnets de police et des pantalons?.....

Disons-le franchement, il ne serait pas plus impolitique d'ôter au ministre de la guerre la pénible tâche de pourvoir aux remontes de l'armée, que de lui refuser les facilités nécessaires pour la remplir convenablement; et nous répéterons à ce sujet que les forces numériques ne sont que des illusions, si elles pèchent par leur valeur intrinsèque. Une mauvaise monture fait nombre, nous en convenons; mais ce n'est pas un *cheval de cavalerie* en état de faire la guerre.

Lors de la discussion du budget, ce sera aux organes du gouvernement à faire connaître l'insuffisance des ressources que présente le pays pour les remontes de notre cavalerie sous le rapport de la qualité des chevaux qu'on y élève et à demander franchement l'allocation des fonds nécessaires pour les dépôts permanens, en montrant les avantages réels que doit en retirer l'armée et que ne manqueront pas d'y trouver les propriétaires de haras ; les chambres auront alors à faire un choix entre les deux partis qui restent à prendre, ou d'accorder les fonds nécessaires pour l'établissement des dépôts de poulains et les remontes, ou de se décider à voir éternellement tirer les remontes de l'étranger, moyen désastreux qui porterait le dernier coup aux éleveurs et entraînerait avec lui le grave inconvénient de faire sortir de France de fortes quantités de numéraire, mais dont enfin les funestes conséquences ne pourraient être attribuées qu'à ceux qui l'auraient rendu indispensable.

Ce serait dans ce cas, s'il se présentait des opposans, qu'on pourrait à bon droit leur dire : « Si vous prétendez avoir une armée assez forte, pour vous maintenir au nombre des premières puissances de l'Europe, vous devez subir les conséquences de cette honorable prétention et fournir aux dépenses qu'elle exige. Ou accomplissez pleinement ce devoir, ou renoncez pour votre pays à un rang que vos facultés ou bien votre parcimonie ne vous permettent plus de lui conserver. »

Considérations générales.

Il faut moins de trois ans pour entrer en pleine jouissance des avantages que doit infailliblement produire l'établissement des dépôts de poulains, et cependant ce court espace serait une sorte de longévité ministérielle à laquelle aucun des hommes qui sont au pouvoir aujourd'hui n'oserait se flatter d'arriver; c'est là sans contredit un inconvénient fort grave, parce qu'en général on est peu disposé à travailler péniblement pour réunir les matériaux et jeter les fondemens d'un édifice que l'on craint de ne pas achever et dont un autre viendra recueillir l'honneur ou les avantages; mais comme il s'agit ici de rendre un service important à son pays et de pourvoir à l'entretien de notre état militaire et de lui procurer les élémens de force qu'il réclame, ce noble véhicule suffira pour écarter des idées trop personnelles, surtout si l'on veut considérer que toujours le nom du fondateur s'attache honorablement à chaque établissement utile.

Se tirer le moins mal possible d'une mauvaise situation qu'on ne peut faire changer qu'avec des sommes considérables, et le quart d'un siècle, est une sage résignation.

Le moyen que nous venons d'indiquer nous paraît suffisant pour donner à l'armée les meilleurs chevaux qu'il soit possible d'obtenir en France dans l'état actuel des choses, sans recourir à des dépenses extraordinaires.

Si le gouvernement se décidait à renouveler les races avec des animaux de pur sang, ou seulement à fournir des étalons neufs pour retremper le métissage, ainsi qu'on en trouve la nécessité démontrée dans plusieurs ouvrages nouvellement publiés, les dépôts de poulains seraient encore nécessaires; mais alors en peu d'années, notre cavalerie serait sous tous les rapports la première de l'Europe; elle a prouvé en mille occasions qu'elle réunit tout ce qui doit la placer au premier rang, il ne lui manque que des chevaux de *cavalerie;* elle est digne d'en avoir, elle la mérite en compensant par sa rare valeur la défectuosité et la faiblesse du cheval français qui est arrivé au dernier degré de la dégénérescence.

L'important en toutes choses qui demandent du temps est de se décider, et aussitôt la résolution prise, de mettre la main à l'œuvre; c'est déjà un grand pas de fait vers le but, que d'avoir commencé.

De l'installation des dépôts de poulains.

Il ne faudra peut-être pas moins de persévérance que de pouvoir pour triompher des difficultés que rencontrera le département de la guerre, avant d'arriver à la possession des locaux entourés de pâturages et des terrains nécessaires à l'établissement des dépôts de remonte et de poulains; par quelque voie que l'on cherche à les acquérir, il y aura, dans plus d'une occasion, nécessité de composer avec les résistances qui naîtront de l'intérêt particulier, lorsqu'on n'aura pu les vaincre autrement; ce sera avoir écarté à l'avance beaucoup de contrariétés que de ne pas s'astreindre à l'uniformité absolue dans le titre de possession des emplacemens : ce que le domaine de l'Etat cédera doit être bien reçu; c'est le *pur don* : nous en dirions autant de ce qu'on pourrait obtenir des administrations départementales, si ces concessions étaient faites pour un long espace de temps, et sans conditions onéreuses; mais à tout événement la ressource de louer à long bail des propriétés particulières laisse au ministre la faculté de monter à peu de frais autant d'établissemens qu'il le jugera nécessaire, en se dégageant de toute espèce de dépendance, sous la condition néanmoins de ne les prendre que dans les cantons les plus *reculés* des départemens *éloignés* du centre de la France.

De l'acquisition des locaux avec terrains et pâturages.

Lorsqu'il s'agit de former des établissemens durables où l'on puisse faire avec sécurité des constructions ou des distributions convenables et coûteuses, il est préférable de ne prétendre qu'à titre de propriétaire à la jouissance du *fonds;* tel sera celui du département de la guerre, sur tout ce qu'il pourra obtenir du domaine de l'Etat.

Le partage des attributions est sans doute nécessaire dans l'administration générale des affaires du pays, néanmoins il arrive parfois au gouvernement de rencontrer dans cette répartition toujours conditionnelle une foule d'entraves qui arrêtent des améliorations évidentes, par cela seul qu'elles exigent le concours de deux ministères qui doivent cependant une afférence égale et sans limites à l'intérêt public et à la haute gestion d'un gouvernement qui a enveloppé les ministres dans une solidarité commune dès l'instant où il les a associés au maniement des affaires.

Tel ministère craint d'amoindrir l'apparence de son utilité en laissant passer dans un autre, où elle serait plus utilement exploitée, une portion d'attributions qu'il considère comme son apanage exclusif; c'est ainsi que des idées trop personnelles font isoler des ressorts dont l'effet ne peut être complètement efficace qu'autant qu'ils restent subordonnés à l'action commune, à l'ensemble auxquels leur principale destination est de contribuer. Il serait donc possible que lorsqu'il s'agira de céder au ministre de la guerre dix ou douze propriétés de 3 à 400 hectares chacune avec les bâtimens qui s'y trouvent, celui des finances, s'il les a, n'accordât pas à cette demande toute la faveur qu'elle mérite : cependant, loin d'en dépouiller le gouvernement, on veut, au contraire, dans son intérêt, tirer de ces domaines un meilleur parti, et leur faire produire ce que l'or même ne peut remplacer.

Aucun moyen n'est à négliger pour arriver à la possession des propriétés dépendantes du domaine de l'Etat, lorsqu'on en rencontrera qui réuniront *seulement* quelques unes des conditions de convenance ou d'aptitude, sur le complet desquelles on sera souvent obligé de transiger, tel, par exemple, que le défaut d'étendue auquel on suppléerait au moyen de locations voisines à longs termes.

Des propriétés propres à l'établissement des dépôts provenant des administrations départementales.

Si l'on obtient quelques unes de ces concessions, elles doivent préalablement être mises hors de toute contestation et faites pour un espace de temps dont la durée garantisse une jouissance paisible afin de ne pas hasarder imprudemment des dépenses de réparations, constructions, locations, etc. etc., auxquelles les autorités civiles ne voudraient ou ne pourraient pas subvenir; on est forcé de reconnaître à la première vue qu'il est difficile que ce moyen n'amène pas des lenteurs, des conflits, et enfin une complication embarrassante; à quel titre d'ailleurs le ministre de la guerre peut-il prétendre? Nous ne lui voyons aucun droit à cet égard.

En supposant que plusieurs cessions de cette nature aient lieu en faveur du département de la guerre, n'exigera-t-on de lui aucune concession contraire à l'objet de ces dépôts; n'exigera-t-on pas des chefs d'établissemens qu'ils admettent de préférence les produits du département cessionnaire, malgré leur infériorité ou leurs défectuosités? ne verra-t-on pas les plaintes à ce sujet portées d'abord par les éleveurs, soutenues ensuite par les autorités locales, être appuyées en définitive par les députés du pays qui useront de toute leur influence pour les faire prévaloir près du gouvernement? Ces autorités locales, poussées par des demi-connaisseurs, ne se croiront-elles pas le droit de s'immiscer dans la séparation, ou la culture des terres, si l'administration se trouve dans la nécessité de s'écarter des routines ruineuses qui règnent encore dans les départemens éloignés? A ces inconvéniens d'une importance, à la vérité, secondaire, se joindra le désavantage d'être forcé de faire ployer l'administration et la direction au gré de la disposition qu'on trouvera faite dans la propriété cédée dont il faudra s'accommoder, quelque dissemblance, quelque désaccord qui en puisse résulter avec le plan uniforme qu'il aura été jugé nécessaire d'adopter pour ce genre d'établissemens. En définitive ce moyen ne nous paraît susceptible que de résultats peu satisfaisans; nous souhaitons sincèrement que l'expérience prouve le contraire.

De la location des emplacemens propres aux dépôts de réserve.

Partout où les deux premiers moyens dont il vient d'être parlé au sujet des locaux, pâturages et terrains nécessaires à l'établissement du nombre des dépôts qui aura été fixé, n'auront rien offert, la location à long terme de propriétés particulières y suppléera; c'est cette ressource toute *réelle*, et bien moins onéreuse qu'on pourrait le supposer, qui produit l'indépendance absolue du ministre dans l'exécution de ce plan, et lui donne la faculté d'établir, dès qu'il le voudra, autant de dépôts qu'on l'aura jugé nécessaire au bien du service. Maître du choix de l'époque, du terrain, et du site, il le sera encore de la stipulation dont les conditions pourront lui assurer une jouissance aussi prolongée qu'il le voudra; et là où la division de la propriété semblerait faire obstacle, on pourra traiter avec un fondé de pouvoir, unique délégué par tous les propriétaires voisins, sous un prix uniforme et une condition commune; c'est le cas de répéter, que dans les cantons les plus reculés des départemens éloignés, les produits ont moins de valeur, faute de débouchés, ou parce que le transport y est difficile. Combien de propriétaires se trouveraient heureux, au moyen de cette location, d'obtenir un revenu certain sans aucuns travaux pour le réaliser! La position de quelques dépôts enfoncés dans les terres sera peu du goût des chefs d'établissemens, mais il suffit qu'elle convienne au gouvernement pour y faire élever de bons chevaux propres au service de la cavalerie.

D'après une donnée commune sur la valeur et le produit des terres dans les départemens éloignés, peu commerçans, où les canaux et les routes viables en tout temps sont rares, il est probable que le prix annuel de location pour une quantité de 400 hectares avec ou sans constructions, ne dépasserait pas de beaucoup la somme de 15,000 fr., et serait souvent au-dessous; cette quantité de terres suffirait à la nourriture de plus de sept cents poulains de l'âge de deux à quatre ans. On pourrait d'ailleurs, usant du même moyen, donner au dépôt une plus grande extension afin d'obtenir la compensation des frais d'état-major ou d'administration. 100,000 fr. suffiraient donc pour solder le loyer annuel des emplacemens de six dépôts qu'on pourrait monter la première année sur les points principaux de la France.

Pour y mettre quatre mille poulains à 200 fr. pièce, il en coûterait 800,000 fr. au plus, ce serait moins d'un million qu'il faudrait la première année pour commencer une entreprise qu'on devra considérer comme fondée à perpétuité dès qu'elle sera parvenue seulement à ce premier degré d'achèvement.

Quelques dépenses sont encore nécessaires pour les distributions dans les bâtimens, la culture des terres et l'entourage des terrains destinés au pâturage et aux récoltes de fourrages; celles-ci sont susceptibles d'être communément modérées, et quelquefois ajournées; mais il y a impossibilité, d'un point aussi éloigné, de pouvoir en faire une évaluation même approximative. Les fonds de la masse de remontes peuvent être employés à cet usage, et en cas d'insuffisance on doit obtenir sans peine un bill d'indemnité pour une dépense d'une utilité *transcendante*, lorsque la valeur en sera représentée et toujours palpable. Toute extension serait facile, et l'on verra plus bas que les prévisions peuvent s'étendre même aux dépôts d'étalons pour lesquels on trouvera des réserves préparées à l'instant où M. le ministre voudrait y placer des chevaux entiers, fournis par les départemens producteurs ou par le gouvernement, mais propres à retremper les races nécessaires à la cavalerie.

Du site.

Les pâturages fort élevés donnent des herbes fines, c'est le principal et souvent le seul avantage qu'ils présentent, mais en général ils sont pauvres et sujets à être promptement desséchés; ceux qui sont trop bas produisent des herbes grossières, souvent malsaines, qui rendent le cheval lymphatique quand elles ne sont pas nuisibles sous d'autres rapports; les animaux sont exposés à y vivre sous des brouillards épais et presque continuels dont s'arrange mal l'organisation du poulain destiné à faire un cheval léger : s'ils sont marécageux, les jambes, et la vue des élèves y sont en danger, et il est presque certain qu'ils s'y feront de mauvais pieds; la corne sera molle et évasée, et la fourchette, presque toujours en exubérance avec la muraille, causera de fréquentes boiteries à ces animaux qui, quelqu'habiles que soient les maréchaux, perdront souvent leurs ferrures et finiront par être mis hors de service pour cette grave défectuosité.

Il ne faut pas conclure de ce qui vient d'être dit sur les pâturages trop élevés, ou situés trop bas, qu'il n'y ait que la plaine qui convienne aux établissemens projetés, car elle a aussi ses inconvéniens, particulièrement lorsqu'elle est trop ouverte du côté du nord; l'excès en tout est nuisible; nous habitons un pays où le mouvement du terrain, si heureusement disposé par la nature, donne des abris et de la fertilité en toute saison (l'hiver excepté), lorsqu'on sait en profiter, et il y a manière de donner les pâturages : suivez les animaux d'une vallée, ils iront paître dans la matinée au soleil levant; pendant la plus grande chaleur, ils seront au nord, et dans la soirée vous les trouverez sur le terrain qui offre l'herbe la plus épaisse. Une terre qui ne soit ni démesurément élevée ni trop basse, avec un mouvement de terrain qui n'ait ni cascades ni talus tranchés, mais seulement des pentes, fussent-elles rapides, donnera, si le fond le permet (il y a des terres dont on ne peut rien tirer), des pâturages suffisans sous une direction un peu *entendue* : ce n'est que sur le lieu que l'homme versé dans cette partie décidera de ce qu'il faut faire récolter en sec, de ce qu'il faut faire d'abord consommer sur pied, pour y revenir à l'arrière-saison ou à la suite des grandes chaleurs.

Nous ne ferons pas un article séparé pour le *climat*, qui n'offre dans la France que des nuances de variétés peu sensibles sur des animaux qu'on voit pleins de vigueur, braver également les ardeurs des contrées les plus méridionales et les frimas du nord; néanmoins nous dirons que le pays plat en Provence, et les bords de la mer exposés aux grands vents du nord, conviendraient peu à nos établissemens.

Comme ici le contenu fait règle pour le contenant, on sent que c'est un préalable d'urgence que d'assigner avant tout à chaque dépôt son but d'utilité jusqu'à la plus grande extension, afin de donner aux locaux, terrains, etc., une étendue, des proportions et des distributions qui soient en rapport, tant au dedans qu'au dehors, avec l'objet de leur destination; on se trouvera ainsi immédiatement conduit à fixer le nombre et l'espèce d'animaux que le local doit contenir, que les terres et pâturages doivent nourrir. Les magasins, greniers, hangars et autres dépendances nécessaires pour les approvisionnemens dont la qualité, la nature et les quantités seront fixées d'après le régime alimentaire reconnu le plus profitable aux animaux, et l'on arrivera sans mécomptes à la connaissance de la capacité exigible pour les locaux, etc., destinés à contenir le dépôt; toutes ces supputations, avec les données sur la nourriture en vert ou en sec, d'hiver ou d'été (*la science de la chose supposée*), n'exigent qu'un travail de bureau, un ordre méthodique, du vouloir, des chiffres et peu de temps, à moins qu'on ne tombe dans les lenteurs d'une de ces commissions qui tournent en sinécures, et où le rang élevé qui y préside refoule le savoir des hommes spéciaux dans le silence.

Cela fait, dès qu'on aura obtenu la possession de quelques propriétés telles que nous les demandons, on pourra s'occuper, sans tâtonnemens, des devis pour les réparations de bâtimens et les distributions à y faire, en imposant toutefois à ceux qui en seront chargés la double condition d'une extrême économie et du stricte nécessaire : on pourra, à tout événement, réserver un terrain pour un dépôt de quatre ou six étalons dans chaque établissement. Le ministre de la guerre n'a pas moins de droit sur ce point que les particuliers, qui, en propageant les races les plus défectueuses, l'exercent jusqu'à la licence.

De l'âge des poulains et des pouliches.

Les esprits expéditifs ne voudront que des animaux très-rapprochés par leur âge, de l'époque à laquelle ils doivent entrer en service; ils diront, à l'appui de leur opinion, que le gouvernement sera moins long-temps chargé de leur nourriture aux dépôts, que leurs formes plus développées rendront les erreurs des acheteurs et les tromperies des vendeurs plus difficiles, plus rares, que ce sera diminuer d'autant le chapitre des accidens et pertes, etc.....

D'autres feront observer qu'en prenant des poulains au-dessus de l'âge de vingt ou vingt-quatre mois, on court le risque d'avoir des animaux qui auront déjà travaillé dans les traits, qui auront nécessairement été abandonnés plus long-temps à toutes les intempéries des saisons, ainsi que le pratiquent généralement les éleveurs de chevaux communs; qu'ils auront le sang appauvri faute de grain, qu'aucun d'eux ne leur donne en bas âge; qu'il y aura dans l'animal un principe d'affaiblissement qu'un meilleur régime arrête à vingt mois, et combat sans succès à trois ans, où le travail de la dentition et celui de l'ossification débilitent le poulain, qui a encore à souffrir pour la gourme; qu'en prenant des animaux qui ont subi une castration plus ou moins bien opérée, plus ou moins tardive, et chez lesquels cette soustraction et l'âge ont visiblement fait disparaître les formes et les allures du jeune poulain, pour y substituer la figure déjà prononcée du cheval fait, vous le paierez d'autant plus cher que l'éleveur fera valoir les chances qu'il a prises à sa charge; et remarquez que passé un certain laps de temps, le poulain ne tenant plus à sa mère, l'acheteur n'aura plus la faculté de se faire représenter la poulinière, afin de reconnaître si elle a des maladies ou défauts héréditaires susceptibles de faire rejeter son poulain; à toutes ces considérations ils ajouteront, quant aux pouliches, que c'est s'exposer à les acheter dans l'état de gestation que de les prendre à plus de vingt mois; car on cite des éleveurs qui les font échauffer, et ensuite couvrir à l'âge de dix-huit mois; et il n'est pas rare de trouver des pouliches de trois ans qui ont déjà porté; quel service peut-on attendre d'une misérable bête sur laquelle on a fait accumuler à la fois et avant le temps les opérations les plus laborieuses que la nature ait attachées à son existence? La mère et son avorton ne peuvent être que de chétifs animaux dont on ne doit à aucun prix charger le gouvernement. N'est-ce rien pour un poulain de race commune que d'être tiré d'un mauvais régime un an plus tôt? N'est-ce rien qu'une année employée à réparer les détériorations causées par une mauvaise nourriture et par l'abandon, dans un animal *qui*, *en naissant*, *n'a apporté que tout juste la complexion nécessaire* pour un classement fort ordinaire dans son espèce? N'est-ce rien pour les agens du gouvernement que d'avoir la faculté de modifier le caractère, de pouvoir, par un exercice mesuré et même l'émulation, faire développer la force et la légèreté des animaux, et en un mot dresser insensiblement les chevaux destinés à la cavalerie, sans avoir besoin de les ruiner en les domptant par la force?

De la castration plus ou moins tardive. (Suite de l'article précédent).

En achetant un cheval de trois ans ou trois ans et demi déjà opéré, vous ignorez à quel âge il a subi l'opération, et cependant cette connaissance est loin d'être indifférente pour l'acheteur du gouvernement; car, en opérant le cheval entre quinze et dix-huit mois, vous n'attaquez qu'un organe qui ne s'est pas encore révélé, il est ignoré de tous les autres, tandis que, plus tard, les testicules, plus développés, ont contracté avec plusieurs régions du corps une alliance tellement étroite, que leur soustraction ébranle incontinent, outre les sources reproductives, l'organisation tout entière. Les poumons et les cavités nasales reçoivent une forte secousse; rien ne le prouve plus évidemment que les maladies qui attaquent communément les chevaux à la suite de cette opération, lorsqu'elle a été tardivement faite; telles sont la morve, le farcin, les irritations intestinales, et les complications pneumoniques : cette dernière considération, jointe à celles qui la précèdent, milite assez en faveur des plus jeunes poulains pour nous dispenser de plus amples développemens sur cette question : si nous sommes pauvres en chevaux, nous sommes riches dans la science de l'administration et de la gestion agricoles; c'est à elles à compenser par leur savoir-faire et par des économies bien entendues ce désavantage : ajoutons cependant encore que moins les poulains seront avancés en âge, moins ils coûteront pour le prix d'achat, et que les animaux condamnés aux allures lentes et propres seulement pour le trait, seront revendus à bénéfice, et n'entreront jamais dans les rangs; ainsi, tout se réunit pour faire suivre une voie qui n'offre que certitudes, et qui ne laisse rien au hasard.

De la nourriture des jeunes poulains.

Il y a erreur, pernicieuse même, à croire que tous les poulains et pouliches indistinctement peuvent rester pendant huit mois dans les pâturages. La saison pendant laquelle on peut les y laisser de jour et de nuit, est très-courte; ils doivent y être gardés et observés : 1° pour qu'ils ne puissent s'entre-nuire, et en second lieu, afin de reconnaître à temps un commencement de maladie qui s'annonce par le dégoût des meilleures herbes, la lassitude, l'état d'abattement, ou l'isolement où l'on voit le poulain qui souffre (c'est l'abandon absolu où les laissent les éleveurs qui leur cause les grandes pertes dont ils se plaignent). Il y en aura d'un tel acabit, que l'herbe leur suffira pour bien venir, ce sera le plus grand nombre, s'ils ont été bien choisis. Cependant, dans le moment de la plus grande chaleur des jours d'été, et surtout si le pâturage n'offre pas d'abri, on doit les faire tous rentrer et leur donner quelque nourriture. Si c'est de la paille hachée avec du son, il faut que la paille aît été trempée pendant au moins six heures, et qu'elle soit plus courte que celle qu'on a fait couper jusqu'ici en France pour cet usage; la luzerne, l'escourgeon, le trèfle, le sainfoin, la chicorée, les carottes, etc. etc., suivant le classement, l'âge, la force et la santé des animaux, entreront dans leur nourriture. La saison doit contribuer autant que l'économie à en déterminer l'usage. Quant au *foin sec* de prairies, les poulains du gouvernement doivent en tout temps en faire le moins de consommation possible. Nous donnerons incessamment les motifs qui nous portent à cette quasi prohibition; nous devons auparavant dire qu'il est nécessaire de classer les animaux par l'âge, la force et la complexion (on ne les classe par armes que quelques jours avant de les envoyer aux corps), afin qu'en réunissant vingt-quatre ou trente poulains dans une écurie, on puisse sans inconvénient leur donner la même nourriture, qu'ils aillent ensemble à l'abreuvoir, au pâturage, où ils seront séparés des autres classes, au moins par des claies mobiles, et enfin sur le terrain d'exercice destiné au développement de la force et de la légèreté. Ainsi, les plus forts ne pourront nuire aux plus faibles ni aux valétudinaires, qui seront également mis ensemble; les malades seront réunis ou isolés dans des infirmeries, suivant la nature de l'affection dont ils seront attaqués.

Des fourrages nuisibles.

Le foin, tel qu'on le récolte en France, est la cause d'une infinité de maladies pour les chevaux qui en font leur principale nourriture. Dans aucun lieu d'Europe on ne rencontre un aussi grand nombre de chevaux attaqués de la pousse; cela tient surtout à la manière de récolter les foins. Dans un pays voisin, où la science de l'agriculture est parvenue à un degré de perfection que personne ne conteste, on fauche les prés dès que les herbes sont en fleurs; lorsque le foin est jugé suffisamment sec, on l'entasse en plein champ, isolé du sol, afin qu'il n'en prenne pas l'humidité; on le met à l'abri de la pluie en lui faisant une couverture de chaume, et toutes les parties latérales de la meule restent exposées à l'air; il se garde ainsi jusqu'au moment où l'on veut le faire consommer; il conserve une odeur aromatique, douce et suave; il est tendre en tout temps, jamais avarié, et quelque consommation qu'en fassent les chevaux, leur santé n'en est pas altérée. La première fauchaison ayant eu lieu de bonne heure, permet une seconde récolte de même qualité. Les regains sont parfois réservés pour d'autres espèces d'animaux, ou abandonnés à la pâture. Jamais on n'y laisse les herbes acquérir assez de maturité pour donner leur graine, parce qu'on a reconnu qu'elle épuise la plante et la terre, et que bien que le cheval en soit avide, elle lui est excessivement nuisible.

En France, au contraire, les propriétaires de prairies, pour avoir plus de poids, attendent que l'herbe soit grande, forte et tout-à-fait mûre : ils prétendent aussi faire une économie sur la main-d'œuvre. Leur première récolte étant tardive, ils se privent d'une seconde, dont un regain de l'arrière-saison ne peut tenir lieu, parce qu'il contient trop peu de substances nutritives *. Ce foin de la première récolte, à laquelle ils ont tout sacrifié, est immédiatement entassé dans

* Ils ruinent les plantes et le sol; il faut bientôt refaire la prairie, et aucune semence, aucune culture n'est si chère ni si douteuse.

des greniers où ils l'ont fait transporter; il y fermente, et les émanations de cette fermentation n'ayant pas assez d'issues pour s'évaporer, s'attachent aux herbes sèches et forment cette poussière jaunâtre * qui s'échappe de chaque botte de foin lorsqu'on l'ouvre. Quelque soin que l'on prenne de secouer ce foin avant de le mettre dans le râtelier, il est impossible de le dégager complètement de cette poudre malfaisante. Si sur les hommes, qui ne font que la sentir par la respiration, elle produit l'effet des épices les plus violentes, quel ravage ne doit-elle pas opérer dans le corps des chevaux qui ont à la digérer? Qu'on ajoute à cela le mal que fait à la poitrine du cheval la graine de foin, et l'on jugera si c'est sans motif que les Anglais suivent une marche toute différente. Un cheval de bonne race résisterait mieux que le cheval de troupe à un pareil régime; chez le premier le sang est pur, et la force également répartie à tous les organes dans une complexion parfaite, offre bien une autre résistance que chez le pauvre cheval de bas prix, frappé depuis long-temps de dégénérescence dans ses auteurs, et plus encore dans son individu: certes, la bonne nourriture ne serait pas de trop pour entretenir chez cet animal un équilibre nécessaire entre les parties débiles et inégales d'action, qui doivent cependant soutenir la faiblesse de ce trop géné-

* Elle ne se forme jamais sur les herbes récoltées, avant la maturité.

reux serviteur; mais la nature ne perd pas ses droits, et la vie, forcée de s'appuyer démesurément sur quelques organes de prédilection qui, se trouvant sains et forts, secourent ceux qui ne le sont pas, détruit bientôt l'harmonie générale, et le cheval est perdu.

Nous venons de citer le cheval de fine race au service du luxe; les chevaux de charrue chez les riches fermiers, ceux du roulage, des postes, messageries, etc., sont, la plupart dans leur espèce, aussi purs de race que le franc limousin : le meilleur foin, la meilleure avoine est pour eux, et cependant ils résisteraient bien plus sûrement à un mauvais régime que le cheval dégénéré et abâtardi. Qui croirait que les chevaux les plus mal nourris en France depuis quarante ans sont ceux du gouvernement? Telle est cependant la vérité. Ce n'est que sur la cavalerie que compte le propriétaire qui fait botteler du foin de troisième qualité; sans ce débouché, il ne le ferait consommer que par ses bêtes à cornes, mais dans aucun cas par ses propres chevaux. Examinez les auberges roulières, si le foin n'y est pas de la *première* qualité, elles restent abandonnées. Jetez en passant un regard sur l'excellent fourrage que la pauvre laitière a mis devant son petit cheval; voyez celui que le cocher de fiacre le plus déguenillé prodigue à ses haridelles, et dites-nous s'il est animal de cette espèce plus maltraité que le cheval de troupe qui est entretenu par et pour l'Etat? Quelle serait la masse de remontes qui résisterait à un pareil dégât, que vient encore redoubler la manutention du fournisseur, *laquelle il serait si facile de supprimer, en ne distribuant qu'au quintal une bonne et unique qualité de foin.* De cette digression, on conclura nécessairement avec nous qu'il convient de donner le moins de foin possible aux poulains, à moins que l'administration de l'établissement ne l'ait récolté suivant le meilleur procédé; ces animaux n'en consommeront que trop quand ils seront dans les rangs : si nous ne pouvons réparer entièrement le mal que l'incurie et l'ignorance de l'homme ont fait ici, cessons au moins de *dégrader....* Il résulte aussi de ce qui vient d'être dit sur la nourriture des poulains, que l'épouvantail que l'on s'est fait de cette dépense n'est qu'une illusion, et que les facilités offertes par les progrès de l'industrie agricole, particulièrement sous le rapport des plantes fourrageuses et la manière de soigner les animaux, rend possible une extrême économie, tout en transformant de minces poulains en chevaux robustes, adroits et légers.

Des distributions intérieures.

Il était nécessaire de connaître ce qui précède et en un mot tout ce que comporte le matériel d'un dépôt stable, avant de parler des distributions qu'il est nécessaire d'y faire.

Dans certains locaux on trouvera des constructions

faites : il faudra bien les adapter aux exigences du service intérieur, et là où il ne se trouverait aucun bâtimens, il faudra y suppléer par quelques constructions légères, à tout le moins. Un peu plus tôt, un peu plus tard, tout dépôt doit offrir un logement pour le chef de l'établissement et pour les officiers et soldats qui doivent résider sur le lieu même.

Plus,

Des écuries faites pour des poulains de deux à trois ans;

D'autres pour ceux de trois à quatre ans et demi ou cinq ans; elles doivent être disposées pour recevoir des séparations mobiles, afin de faciliter le classement des animaux suivant leur âge, leur force, etc.;

Deux infirmeries, dont une au nord et la plus grande au midi, susceptibles de divisions;

Des abreuvoirs, et une pièce d'eau pour baigner les chevaux;

Des hangars, magasins, greniers et cours;

Un manége couvert, si faire se peut;

Une écurie pour les chevaux de trait attachés au service du dépôt;

Une réserve complète et séparée pour un dépôt de quatre à huit étalons. Il faudrait qu'il eût une entrée particulière et deux cours. (Il ne s'agit ici que du terrain, les bâtimens pour être commencés exigent d'autres certitudes que celles qui existent jusqu'à présent).

Distribution à l'extérieur.

Il faut un terrain pour exercer les chevaux, deux à deux seulement, à la course et en liberté; il sera entouré de palissades et se terminera par deux talus tellement élevés que les coursiers ne puissent arriver au sommet.

Tous les terrains destinés aux pâturages doivent être enclos et divisés, s'ils ne le sont pas déjà, par des murs, haies, ou fossés, et susceptibles d'être subdivisés par des clôtures mobiles telles que des claies, afin de ménager les herbes et de n'abandonner au pâturage que ce qui est nécessaire chaque jour pour nourrir un nombre déterminé de poulains; sans cette précaution ils fouleraient aux pieds une prairie entière.

Marquer d'après les propriétés des différentes parties du sol les terrains qui conviennent à la culture des divers fourrages, grains, légumes fourrageux, etc.

Assainir les terrains bas par l'écoulement des eaux stagnantes, rechercher et attirer, s'il se peut, un courant d'eau.

L'étendue et la capacité ne peuvent être fixées que lorsqu'on aura décidé quel sera le nombre des poulains dans chaque établissement : tout roule sur cette première donnée.

Administration.

Une instruction réglementaire doit établir l'ordre et l'uniformité dans toutes les branches de l'administration des dépôts, elle comprendra les achats d'animaux; elle s'expliquera sur l'âge, le sexe, les formes, la provenance, la marque du gouvernement, et sur la saison à préférer pour la conduite des poulains, etc.

La nourriture d'été et d'hiver dans l'intérieur, et au pâturage, exercice, classement des poulains, ordre et soins, et toutes prévisions relatives, etc.

Culture, récoltes, emmagasinemens, écritures relatives, etc.

Comptabilité, registres, états de situation, d'effectif et de dépense, conduite des animaux, livraisons aux corps, récépissés, etc.

Contrôle signalétique des animaux entrans, mouvemens et mutations journalières.

Réception des chevaux propres aux charrois provenant du dépôt ou de réformes faites aux corps, signalement et écritures à ce sujet *.

L'ordre et la prévoyance apporteront une simplification extrême dans cette organisation; rien n'est plus facile que de la faire arriver à un tel degré de perfection qu'elle puisse guider sûrement les chefs qui n'auraient qu'une capacité ordinaire, pourvu cependant qu'elle soit accompagnée d'activité, de zèle et d'intelligence. Pour voir en pleine activité cette importante et utile institution, il ne faut à la sommité que *vouloir fermement et commencer promptement.*

* Il sera besoin, plus tard, d'une instruction séparée pour le dépôt d'étalons, si on en admet près de chaque dépôt.

Conclusions.

Il a été prouvé, par *chiffres*, que les éleveurs qui livrent leurs produits pour les remontes de la cavalerie sont en perte, qu'à mesure qu'ils s'éclairent sur leurs intérêts ils s'éloignent de ce genre de spéculation qui les appauvrit, atténue un capital plus ou moins considérable, les laissant pendant cinq mortelles années en butte à une foule d'accidens et pertes qui surviennent pendant ce laps de temps... Puisque l'intérêt particulier est ici le premier mobile, c'est par lui que vous seront ramenés les éleveurs dès l'instant où vous ferez acheter, par toute la France, les poulains bien venus de l'âge de vingt à vingt-quatre mois; cet argument *irrésistible*, joint à la création des dépôts de réserve qui leur assurera le même débouché pour un long avenir, est un encouragement dont la réalité produira rapidement un autre effet que les plus belles phrases et les plus longues circulaires; de toutes les parties de la France on applaudira avec raison à la nouvelle mesure prise par le ministre de la guerre, elle sera trouvée la plus sage et la mieux imaginée par cela seul qu'elle servira une foule de petits intérêts locaux.

Le retentissement d'un succès si public rendra plus facile au gouvernement ce qu'il jugera convenable d'entreprendre pour fonder solidement le renouvellement des remontes en retrempant les races. Si l'on reconnaît enfin la nécessité de former des haras producteurs d'étalons, afin de n'être plus obligé d'en acheter au dehors; si la science de la chose y préside, on ne manquera pas d'y suivre minutieusement une progression d'accouplemens susceptible de nous donner, sous la garantie d'expériences réitérées, une race perfectionnée, forte, et d'assez belle conformation pour être digne de recevoir le cheval de fine race. Depuis plus de quinze ans on prodigue celui-ci sans succès pour n'avoir pas tenu compte des trop nombreux degrés qui existaient encore entre lui et les espèces indigènes auxquelles on a mêlé avant le temps, et par conséquent sans discernement, cet étalon précieux par ses qualités, mais un peu mince dans toutes ses proportions pour le service de la cavalerie et même du luxe.

Comme il y aurait un volume à faire pour montrer pourquoi la direction des haras, depuis un quart de siècle, fait fausse route; pourquoi la dégénérescence de l'espèce chevaline n'a cessé d'être progressive; pourquoi le commun des éleveurs n'est ni encouragé ni éclairé, pas plus sur ses intérêts que sur son mode de diriger la production, et que cette digression nous éloignerait de notre objet principal, nous devons nous borner à dire que l'on ne peut avoir la certitude de posséder réellement une bonne race que lorsqu'elle a plusieurs générations pour garantie, et que le type en a été conservé et suffisamment multiplié; d'où il résulte qu'à supposer qu'une administration des haras composée d'hommes spéciaux, dociles aux leçons de ceux de nos voisins qui, après deux siècles d'expériences soigneusement réitérées, ont le mieux réussi à faire procréer les plus belles et les meilleures races, à supposer, disons-nous, qu'on puisse réunir un conseil ainsi composé, et qu'on lui donne toutes les facultés, toutes les facilités nécessaires pour mettre immédiatement la main à l'œuvre, il faudrait encore plus de dix années avant que le pays fût en jouissance de la nouvelle production..... On voit donc combien il est nécessaire de recueillir bien vite parmi nos misérables produits ce qu'ils offriront de moins mauvais, de prendre ces poulains fort jeunes, afin d'être encore à temps de pouvoir, par le soin et une bonne nourriture (qu'ils ne trouveront pas ailleurs que dans les établissemens que nous proposons de former), d'en faire, en attendant mieux, des chevaux capables de servir à notre brave cavalerie; il est bien temps que l'on fasse disparaître, autant que possible, l'immense désavantage auquel elle est condamnée depuis si long-temps, sous le rapport du cheval, à l'égard de presque toutes les cavaleries étrangères : c'est, au surplus, l'nnique moyen de soustraire en moins de trois ans le pays au *honteux* tribut qu'il vient encore tout récemment de payer à l'étranger, pour répondre au cri de guerre et mettre *aussi la cavalerie française à cheval.* Il faut bien que l'on sache que la routine, l'avarice, la gêne ou le manque de soins, qui président au régime que suivent beaucoup d'éleveurs pour leurs poulains fait périr chaque année environ le tiers de ce que la nature leur accorde ; à ce qui échappe de cette destruction anticipée, il manque, outre la force, plusieurs qualités indispensables qui ne se développent que lorsque l'animal a reçu en bas âge les soins et une nourriture proportionnés à sa faiblesse.

Nous signalons ici une des causes principales de la pénurie dans laquelle nous sommes tombés pour le cheval de guerre. Tous les hommes experts sont d'accord sur l'adoption de cette mesure. Ajoutons que nous sommes en présence d'un fait dont l'existence suffirait seule pour détruire toute hésitation, si l'on pouvait en conserver encore à cet égard ; et ce fait, c'est la dépense d'une somme de *douze millions* qu'il a fallu jeter à l'étranger pour obtenir des remontes que toutes les recherches praticables n'ont pu faire découvrir dans nos départemens *après dix-sept années de paix* *.....

Comme tous les dépôts établis ou à établir reposent sur la production que la direction des haras doit encourager et féconder, on peut croire que le gouvernement ne manquera pas d'étendre sa sollicitude à

* En supposant que l'on forme 10 ou 12 dépôts de poulains de 800 à 1000 têtes chacun, on pourrait y mettre trois ou quatre étalons propres à retremper les races nécessaires à la cavalerie. Cette mesure ne peut que produire un très-bon et très-grand effet sur la production, en attendant que la partie des haras l'ait fécondée convenablement. Nous devons faire remarquer que le placement de ces étalons dans les dépôts ne donne lieu à aucun frais d'administration ni de locations, etc.

cette partie; il serait à souhaiter, pour en rendre l'effet plus efficace, que la tête de cette administration, composée d'hommes réunissant les connaissances spéciales qu'elle exige, fût mise à l'abri des vicissitudes auxquelles sont exposés les hauts emplois politiques par le mouvement inhérent à la forme actuelle du gouvernement.

Rétablir la partie des haras de manière à ce que son influence se fasse sentir immédiatement sur la production, c'est donner à ceux qui en font partie une tâche difficile; l'entreprise est de longue haleine, elle exige de la suite, du calme et de la sécurité. L'ordre établi pour les finances veut, il est vrai, que les comptes de cette partie figurent dans le budget d'un ministère quelconque; mais, en l'assujettissant à cette formalité, il serait possible, dans l'intérêt du pays, de la sauver des conséquences pernicieuses du népotisme et de la faveur, lorsque souvent l'un et l'autre ont encore à faire la première preuve de leurs connaissances dans une science qui n'a été ni complètement enseignée, ni complètement écrite, qui repousse les théories, et ne repose jusqu'ici que sur la longue expérience d'un très-petit nombre d'hommes studieux qui n'ont pu bien observer qu'en se chargeant d'années.

S'il s'agissait de s'expliquer sur le département dans lequel il conviendrait de placer cette attribution, nous nous bornerions à répondre que, lorsque la question *de personnes* n'aura que l'influence qu'elle mérite, et que l'utilité publique bien constatée occupera la place *qu'on lui doit*, l'attribution des haras sera tout aussitôt dévolue au ministre qui, par la nature de ses fonctions, est le plus intéressé à lui donner les développemens dont elle est susceptible et que commandent à la fois l'intérêt des finances, celui de l'agriculture, et une sage prévoyance pour la défense du pays.

RÉPONSE

AUX ÉCONOMISTES MODERNES.

Au commencement de cet Ecrit nous avons pris l'engagement de reproduire et d'examiner les allégations de ces Messieurs, relativement aux haras, etc... Nous croyons être entrés assez avant dans la question pour pouvoir nous dispenser de cette tâche; néanmoins, comme elles ne sont qu'au nombre de trois, mais assez spécieuses pour entretenir la séduisante incurie et le fatal *laissez-aller* qui ont causé le mal qu'il s'agit de réparer, nous allons les rapporter et tâcher de mettre le lecteur à portée de les apprécier à leur juste valeur.

1° « *Laissez faire*, disent-ils, *le commerce et l'industrie, donnez-leur pleine liberté, et ils vous fourniront en abondance des chevaux pour tous vos services publics et particuliers.* »

Nous prions ces Messieurs de nous citer quelles sont les lois ou ordonnances prohibitives qui, depuis trente ans, auraient empêché les particuliers, propriétaires ou autres, d'établir des haras, ou de tenir des étalons dignes d'être pères? Nous déclarons n'en connaître aucune, et nous n'imaginons pas comment on pourrait rendre à l'avenir les industries plus complètement libres à cet égard qu'elles ne l'ont été depuis un quart de siècle, et cependant, après dix-sept années de paix (car la guerre d'Espagne n'a causé aucune consommation extraordinaire de chevaux), on ne trouve pas de chevaux de remonte en France, et l'on est forcé pour s'en procurer de recourir à l'étranger.

Ces Messieurs auraient pu reconnaître comme nous que le morcellement des grandes propriétés et l'exiguité des fortunes françaises n'ont permis aucune spéculation de quelque importance sur la production. Comme nous aussi ils auraient pu remarquer, qu'attendu qu'il est impossible de changer la constitution du pays, il faut se résigner à voir la subdivision de la propriété s'étendre à l'infini, et peu de fortunes consacrées à l'élève des chevaux, que l'on sait maintenant être la branche la moins lucrative de la production des grands animaux domestiques.

« 2° *Si vous manquez de chevaux pour le luxe, les charrois et la cavalerie, allez en acheter au dehors; ce ne sera pas un motif pour que le numéraire du pays passe à l'étranger; les échanges du commerce solderont, par compensation, cette dépense.* »

Ceux qui sont au timon des affaires portent tous

leurs soins à obtenir que la balance du commerce soit à l'avantage de leur pays, et si on achète pour douze millions de chevaux à l'étranger, c'est autant à retrancher à leurs louables prétentions. Mais il y a pire encore, car si ce sont les Juifs prussiens qui nous vendent ces chevaux, tandis que la Prusse ne veut plus de nos vins, il faudra bien que le numéraire français passe la frontière pour nous libérer de la dette contractée pour les remontes.

Les achats faits au dehors découragent les éleveurs et font abandonner la production;

Ils révèlent des projets que la politique doit tenir secrets;

Ils n'offrent, au cas de guerre, qu'une ressource douteuse dont ne peut ni ne doit s'accommoder le gouvernement d'une grande nation telle que la France.

« 3° *En Angleterre, le gouvernement n'entretient pas une direction des haras, et ce pays est doté d'une production féconde en chevaux de la meilleure race : pourquoi la France n'arriverait-elle pas au même résultat sans une direction des haras, et sans dépôts d'étalons dont on charge à tort le gouvernement?* »

Si Messieurs les économistes, avant de s'arrêter aux effets, avaient recherché les causes, ils auraient appris que depuis plus de trois siècles l'importation de la race arabe et les soins pour l'acclimater en Angleterre font l'objet de la constante sollicitude des souverains du pays, qu'ils en ont fait tous les frais, que c'est le luxe de la couronne, et surtout de la haute et riche aristocratie, dont les immenses fortunes ont également, depuis plusieurs siècles, été consacrées à la production des chevaux; ils auroient pu remarquer que l'Anglais a non seulement le goût, mais la passion des chevaux; qu'il est patient, soigneux à l'excès, et rempli de persévérance pour les élever et les conserver; qu'aucune parcimonie n'est admise en ce pays, soit pour la nourriture, soit pour tout ce qui concerne l'entretien d'un haras ou d'une écurie, quelque peu nombreux que soient les animaux qu'elle renferme; que les primes, les courses, les paris, la chasse à courre, contribuent encore à entretenir le goût des chevaux qui se fait remarquer jusque chez le plus mince trafiquant, dont le cheval est aussi le seul luxe, tandis qu'en France il en est tout autrement : on ne veut le plus ordinairement des chevaux dans notre pays que pour les surmener; la mesquinerie et la négligence sont en permanence dans les écuries; l'impatience et la vivacité du caractère national mettent le comble au malheureux sort qu'ont (à peu d'exceptions près) les chevaux en France, et le luxe du pays se voit le plus ordinairement dans l'ameublement, le vêtement et la table.

En résumé, il faut prendre les peuples avec leurs coutumes, leurs habitudes et leur caractère particulier; ils n'ont ni les mêmes qualités ni les mêmes défauts; il serait aussi impossible d'importer en France les goûts des Anglais que de faire prendre à l'Angleterre les manières ou les habitudes des Français. Que Messieurs les économistes aient donc la bonne foi de convenir que nos petites fortunes, notre penchant décidé pour les spéculations à courte échéance ne produiront jamais aucun effet favorable à la production des bonnes races de chevaux, et que quelque secours que le gouvernement puisse lui accorder par les prix de course, par les haras et les dépôts d'étalons et de poulains, il ne parviendra que difficilement et avec beaucoup de temps à aider la production, à l'encourager autant qu'elle l'a été et l'est encore en Angleterre par la couronne, par la riche aristocratie, et surtout par le goût passionné des habitans de ce pays pour les chevaux.

www.ingramcontent.com/pod-product-compliance
Ingram Content Group UK Ltd.
Pitfield, Milton Keynes, MK11 3LW, UK
UKHW021311190726
13839UKWH00007B/1176